惠风和畅集

殷昆仑 著

CS
K
湖南科学技术出版社·长沙

图书在版编目（ＣＩＰ）数据

惠风和畅集 / 殷昆仑著. — 长沙 ：湖南科学技术出版社，2024.1
ISBN 978-7-5710-2666-0

Ⅰ．①惠… Ⅱ．①殷… Ⅲ．①建筑学－文集 Ⅳ.①TU-53

中国国家版本馆 CIP 数据核字(2024)第 003797 号

HUIFENG HECHANG JI

惠风和畅集

著　　者：殷昆仑
出 版 人：潘晓山
责任编辑：缪峥嵘
出版发行：湖南科学技术出版社
社　　址：长沙市芙蓉中路一段 416 号泊富国际金融中心
网　　址：http://www.hnstp.com
邮购联系：0731-84375808
湖南科学技术出版社天猫旗舰店网址：
　　　　　http://hnkjcbs.tmall.com
邮购联系：0731-84375808
印　　刷：长沙市雅高彩印有限公司
　　　　　（印装质量问题请直接与本厂联系）
厂　　址：长沙市开福区中青路 1255 号
邮　　编：410153
版　　次：2024 年 1 月第 1 版
印　　次：2024 年 1 月第 1 次印刷
开　　本：710mm×1000mm　1/16
印　　张：14.25
字　　数：142 千字
书　　号：ISBN 978-7-5710-2666-0
定　　价：58.00 元

　　谨以此书献给我的父母、家人、老师、朋友和所有热爱生活的人们。

抚竹·听松·论道
——品读昆仑先生新诗集随笔

当年，曾期许在后湖大师岛园林中种下一万棵竹，让艺术家们的工作室能在翠竹环抱中若隐若现。湖风吹拂，绿叶浮动，天上白云舒卷，画桌仿若船舟。让这里有更多的安静，让创造思维不受干扰，让智慧的童心有自然的庇护，享受竹的抚慰与滋润。

几年的工夫，后湖的绿竹已成丛成片，房前屋后新竹亭亭玉立。朝露间在大家的心中萌生着某种对精神家园的体认。在内心丘壑之中，竹之纯粹、竹之品节清新屹立。思索的节奏和着湘江、岳麓的清韵，感怀岁月、仰望星空。

竹"其干亭亭然，其叶青青然，其色莹莹然"；竹常绿常新，不染于物，濯之愈新，耀之愈明；竹中空而虚怀，谦谦若君子，含而不露，发而有节。虚怀象道，无欲则刚，欣欣向荣，含岁月自然之变化，蕴藏着无数天机，给我们无限的启示。如今后湖之韵，后湖之绿已成一种气象，游人如织，名闻遐迩。许多卓越的艺术家、设计家、科学家都聚居和工作在这里……

在竹林深处掩藏着一座特别雅致的小木楼，那就是昆仑先生的工作室"松庐"。一天，他发信息邀我去看看他刚收拾好的后院，有芭蕉、溪石、绿苔、红枣、垂丝海棠，他还欣喜地告诉我这架紫藤和墨兰是小保刚送过来的。从此，经常在这里看到昆仑先生的身影。楼下是研究室，到处是建筑设计图纸模型，电脑键盘声不断。楼上是书房，是他读书写作论道、教学功课、交流文化艺术之地。还有一个很珍贵的小平台，能远感湘江、近眺岳麓。清秋初冬季节，山上的红枫松影如在眼前。

岳麓山因为唐代文学家杜牧"停车坐爱枫林晚，霜叶红于二月花"的诗句和近代山水大家李可染的《万山红遍》而闻名遐迩。每当我们细细想来，红枫之浓烈确是岳麓山的特色，就像湖湘人文历史的浓烈和鲜明一样。我已在这座大山之前工作了四十多年，至少上了两三百次山。在我的印象里，其实还有许多千年古树，例如香樟、银杏、桂花……在岳麓书院后山上，在爱晚亭、清风泉周边，在云麓宫、响石岭、赫曦台更有大片古松群，苍茫朴厚、奇伟俊朗，在晨曦雨雾间，有群龙出海的气势。据麓山寺的大和尚说，他们寺内方丈庭的罗汉松有一千三百多岁了呢！

亲水，抚竹，听松，读书，论道成了"松庐"的日常。学生求学、同道来访者众多，佳景佳境必有好诗。我注意到昆仑先生《惠风和畅集》中写松庐的就有多首。有常在工作室的原昆仑先生的研究生罗畅即兴佳句："楼上观麓山风起云涌，楼下伏案听雨打芭蕉。"更多的是道界的好友们赋的诗，卓有成就和影响的园林设计家王小保诗意正浓,写有:"木舍连后湖,风韵次第新。庐中多雅事,煮茶论建心。"龚旭东是知名的文学家、评论家,他的诗别有心襟:"夜雨芭蕉蕴春心,婆娑竹影作诗吟。茶香缕缕随风散,小舍林泉意频频。"建筑界大家杨瑛激情洋溢:"未漏春风信有凭,卿君无处觅芳名。海棠恰似知人意,频抱娇容缓缓呈。"匠心独具的艺术家刘伟、文光都有佳句:"后湖映皎月,松庐会故知。茶酣犹未尽,谈笑悉乡音。"还有他尊敬的老师、门下的学生、同事故知……昆仑先生更是有诗必和:"皓月映平湖,澄光透树疏。木屋辉蓬荜,谈笑有鸿儒。唐月跨今古,挥毫欲将出。茶酣犹未尽,归去月满庐。"

今夜,我又将昆仑先生《惠风和畅集》从头到尾品读了一遍,又一次为诗集里流淌着的灵性之光所感动,为诗人晶莹透亮的品格所感动……

虚室生白,吉祥止止。与谁同坐,都是文章。

癸卯年仲夏

(朱训德,著名画家,湖南省美术家协会主席,湖南师范大学美术学院院长、教授、博士生导师)

见素心、 知性情、 启唱和之惠风和畅

2018 年，昆仑兄将自己多年来所作诗歌及朋友们的唱和汇聚一卷，印行出版《昆仑酬唱集》，实为士林之雅事、诗苑之异彩。前不久，昆仑兄又从网络飞来其近几年所作诗歌与友朋唱和《惠风和畅集》，拜读之下，实令我欣喜而感佩。

昆仑兄是诗歌的爱好者，作为建筑设计家，他浪漫与激情飞逸，细腻与和雅齐驱，在谨严的职业工作之余，在日常生活、友朋交往中，常常诗情洋溢，新作喷涌。他并非诗歌的专门家，他的诗作在声律上固然会有许多可以商榷之处，这是当代人运用近体诗这一古代文学形式常常会出现的，但我以为写诗作文贵在抒情达意，不能为赋新词强说愁，亦不能但有声律腔调而无真情实感，心中有真感动的诚挚表达，实好过技艺圆熟顺滑的套路之作。以此观昆仑兄之诗，可以见素心、知性情、佐酒茶、启唱和，故吾等三五好友亦多随之而酬唱，共享此风雅和畅之乐，不亦快哉。

以我之体会，古人诗文唱和之乐，其真趣并非但求风雅而已，而更在于获得一种同气相求、心灵相契的机缘与期会。昆仑兄古道

热肠、文雅高趣，心中但有所得，乐于与朋友们分享，因此每每对朋友们有所启迪与引领。我平日基本与写诗无缘，但常常受到昆仑兄与好友们的激发，也不由得勃发出少有的诗兴，随口吟出几句诗来，或忽然似有所得而不能得，连绵多日沉吟不已，有时终究不得，或得而不妥帖，有时则忽然得之而中意，乐何如之。这一过程的结果如何其实并不重要，重要的是，这其实是一种心灵涵养的过程，使我的心灵与情感不致过于干涸与枯竭，得以在忽然勃发或沉吟不已的过程中受到诗意和创造的润泽与滋养。而这，实在是昆仑兄和朋友们赐予我的恩惠与功德，常令我心中感念和感激。

先睹为快地拜读《惠风和畅集》清样，唤起了许多愉快或感动的回忆。记得 2019 年仲春，晏青邀约朋友们雅集，她很有心，在年前寒冬大雪时收集了一罐梅花蕊上的雪，令朋友们大感雅趣与奢侈，小保以炭火烧此雪水，配以老白茶数片烹煮，真正是妙香无比，清茶有味，沁人心脾，令我想起《红楼梦》中妙玉煮雪烹茶的故事。品着茶，一句诗不由得浮上心头，"一缕幽香萦花魂"，不觉间续出后三句。但因有两处平仄不稳，且有重文处，想修改，改后却总觉不能达到原作自然而然的意趣，转思此等雅集所作，重在情谊交流，大可不计工拙，不能以文害意，如此一想，也就任其自然了，在昆仑兄"只应天上有，梅花雪水香。"刘伟兄"雪落寒梅上，淡扫瓦罐藏。"喻当兄"春暮寻梅影，青园有异香。"等好句纷呈后，也就拿出来献丑助兴，共享一得之雅了。这种即景即兴的友朋唱和兴味深长，情谊真挚，实为当下尘世里难得的享乐。

说起来，写诗唱和不仅仅是一种友朋间雅玩的方式，更是心灵相通、相映的特殊体现方式。而这，才是更重要的吧。2017年5月，昆仑兄忽然飞来他在乡间一户人家院中见到的一株梅花，想见每年梅花绽放、暗香浮动的意境，不由得赋诗称赞"白云深处藏人家""春后更待约梅花"，读其图，诵其诗，不禁心往神驰，脱口得诗以酬昆仑兄："身居闹市心每烦，常叹难得半日闲。凭君飞送柴门照，济我此时梦云山。"诗不一定好，却是我一瞬间真切感受的真实写照，自以为不题诗教。当代人可以身不由己，但不能没有"云山"之梦。感谢昆仑兄和朋友们常常赐我"做梦"的契机。2022年8月11日，小保兄发出《夜深人静月高悬》一诗，第二天昆仑兄酬和一首，我读后心有所动，但无诗句涌出。我始终坚持诗为感动之果实，绝不为写诗而写诗。过了一周后，一天夜中醒后难寐，见窗外秋月姣好，心中忽然涌出诗句："皎皎玉如冰，澄澈映天心。庭中一泓水，来共此晶莹。水月寄悠远，情思荡鸣琴。幽幽此中意，襟怀欲啸吟。长啸不可舒，秋风袅袅新。金风漾池水，冰月泛清音。树影恒摇曳，虫鸣亦相亲。久伫生凉意，谁与叙胸襟。古月飞复还，古贤若比邻。心中思不尽，几番泪欲倾。"常怀诗中的心绪，但很少抒发出来，这次居然以我很少使用的五古形式流泻而出，实为意外之得。虽非为应和小保昆仑之诗而作，与二友之作亦大相异趣，但仍可视为与二友之诗遥相呼应的收获，良可珍视也。

　　对于我而言，《惠风和畅集》中最具意味的唱和有二。一次是2020年元宵日，宅家避疫，正读屈原《九歌》，欲修改旧作同名民乐剧本，读至酣处，昆仑兄忽然飞来他的《立春读〈离骚〉》诗，接着小保也飞来和诗一首，正可谓心有灵犀，共蒙屈子，因脱口涌出一句"君诵离骚我九歌"，口占《春日读〈九歌〉并酬昆仑诗》一首。吟毕照例"捂"几天，看可有修改余地。后两句不谐音律，想改改不满意，终究以不愿失其原初贯通之气而作罢，但求与好友同声同气而已。有趣的是，此诗吟完，意犹未尽，又口占了两句，却接续不下去，依不为写而写的原则搁置在一旁，不觉到了立夏那天忽然想起，自然续为完璧（诗意上这两首七绝应为一组）。从立春日到立夏日的这番诗旅，堪称一段奇缘，值得纪之念之。另一次则更为走心。2022年5月的一天，昆仑兄忽然打来电话，语气沉痛地向我述说他清晨梦醒，忽思二十年前设计长沙化龙池群众文化中心精心保护的一棵百年玉兰树，遂前往探望，却发现那与建筑融为一体的树早已不在，极感震惊和痛惜。斯树不在，这建筑也就没了魂，

007

他为此写了一首诗并配长叙说明原委。听其言，读其诗文，我对老友的深沉情怀与痛惜之情深有同感，一连两日，心有戚戚焉，昆仑兄诗中的一句"试问灵魂何处去"在我心中萦绕不已，忽然心中涌出诗句："芳魂已追古人去，此地空余喧闹声。百年玉树知世事，谁说草木无性灵！"但到此仍意犹未尽，诗句继续涌出："入夏玉兰灿如霞，高洁典雅贵琼华。不倚高阁不折骨，宁散芳魂到天涯。"在我心中，那高洁典雅的玉兰之魂是因斯境过于喧闹气浊而宁散芳魂到天涯的。此句涌出，方觉回答了昆仑兄"试问灵魂何处去"的浩叹之问。这两首短章（《感化龙池百年玉兰之逝》）既是呼应好友昆仑兄的拳拳之心与殷殷之情，也是自浇块垒、抒发心志，在昆仑兄的感召与激发下，不知不觉、自然而然地实践并印证了"诗言志"的诗教，身证了古人言之不虚，实在应该感谢昆仑兄让我获得这样的诗意体验与感悟，真是值得慰然、欣然、朗然、陶然的。

《昆仑酬唱集》和《惠风和畅集》的印行，以独特的方式记录了昆仑兄及其朋友们的生命体验与生活历程，说明我们古老久远的士林文雅风习依然顽强而富有生机地传承发扬着。这，或许才是这些诗歌创作与唱和背后尤为令人欣喜和感奋的价值与意义所在。

昆仑兄严命再为《惠风和畅集》作序。拉杂作文以交作业也。

癸卯年春日

（龚旭东，文艺评论家，湖南省作家协会副主席，湖
南省文艺评论家协会名誉副主席，湖南省文史
研究馆特聘研究员）

往来皆诗意

　　昆仑兄有一颗浪漫的诗心，他生活在独一无二的世界，那里到处是美景、到处是故事。他以建筑师的眼光与触角观照与体验生活的万千气象，以细腻严谨的方式记录整理当下的点滴。我亦感到十分有幸能与之在人生中产生心灵的交往，能够共享这清风明月。

　　我们这些素日里来往甚密的挚友，因为昆仑兄的情怀与执着，在他的感召下所焕发的诗情雅意，在大家一次又一次的聚集中迸发、在短信和微信的互动交流中频频闪现。昆仑兄极为严谨且极有耐心，这些点滴都一一记录并保存成册，呈现在我们眼前。

　　忆往昔，我们常在我的设计工作室"会无轩"集会，三五知己喝茶，漫无边际聊天，看绿叶沉浮，嗅茶香袅袅，这既是心灵的沟通，也是人生的慰藉，诗心和情谊都在这里。像是在《友朋唱和》里，我写上联，昆仑兄对下联，我们在文学上的交流与灵感的喷涌，其底色是我们灵魂的同频共振。还有一年，昆仑兄去高椅古村考察，有感而发写道："久往寻梦桃花源，今夜幸枕高椅村。巫水月连千江月，愿将斯华流照君。"我随后以短信的方式与他唱和："高椅久坐梦千寻，巫水流连今载君。阡陌纵横天下客，桃园仙境任我行。"像这样的例子，在我与他相识的二十载中，实在太多。

这种交流方式，既是一种唱和，更是一种交流。这本书是我们人生中交往的一道风景，记录了我们精神的碰撞，也是我们兄弟之间互相欣赏的标志与纽带。我们之间的情谊也将在岁月长河中摇曳生姿，展现独特的风采。

尽管我们这些诗词歌赋的爱好者，对古体诗的认知以及素养、底蕴，都与历史上的文人有很大的差距，我们或许没有先贤那样曼妙的笔触，但我们追随先贤的心是虔诚的，在一次又一次的追寻中，在或主动、或被动的唱和之中，渐渐养成了一种习惯，时时记录下我们当时的心境和心迹。今日重读昆仑兄的新作倍感亲切，在昆仑兄这样有心人的坚持下，希望我们之间的唱和能够不断延伸，为人生增添值得回味的清趣与欢乐。

癸卯年仲春题于清水塘边

（刘伟，室内设计家，湖南师范大学教授，中国
建筑学会室内设计分会副理事长）

雅集之欢， 诗词之美， 美化人生

与昆仑兄神交久矣，谈天、谈地、谈人生，是我生活中的一大快事。而快事之首，莫过于黄酒、赏茶伴人生唱和。"夫人之相与，俯仰一世""虽趣舍万殊，静躁不同，当其欣于所遇"，仰观天地，俯察风物，一觞一咏，畅叙怡然，快意自足，不知夜深秋冬。

欣闻昆仑兄将与众友诗词唱和成集，欣喜不已！诗主性灵，重高节，使人见字生感，闻声动情。雅集之欢，诗词之美，美化人生。借用旭东兄《秋月有感——暨应小保昆仑诗》表达深深的祝福："皎皎玉如冰，澄澈映天心。庭中一泓水，来共此晶莹。"

"诗无达诂"虽是诗坛老话，其意义却没有过时。惠风雅集千年事，兴味意境无止境；古月依旧照，古贤常比邻。

王小保

癸卯年初夏

（王小保，园林景观设计家，湖南省建筑设计院集团
股份有限公司副总工程师、教授级高级工程师，
湖南省设计艺术家协会副主席）

前　言

在日常生活中，写诗已成为我的一种生活乐趣。凡所遇所想所写，皆有感而发，有所兴寄。我以为每作一首诗，就是圆满一次人生，我享受这样的生活，因为它代表了我人生旅途中珍藏的每个时刻。作为一名当代建筑师，我倍感光荣，它让我有写诗的空间。在我读万卷书、行万里路的旅程中，我会用一个建筑师的眼光去审视和感受这个精彩的大千世界，用诗的语言去记录每个难忘的时刻。我的祖父任梁先生曾说："养气十年，才储八斗。心机一动，笔扫千军。"诗歌写作作为我的养气方式，滋养我的人生，抒发我的思想、情感，让我从中体验人生的意义和愉悦。

感恩这本诗集中与我唱和的老师、朋友，因有你们的光亮，让我的人生也增添了几许光彩。北宋苏东坡在《点绛唇·闲倚胡床》一词中有言："闲倚胡床，庾公楼外峰千朵。与谁同坐。明月清风我。别乘一来，有唱应须和。还知么。自从添个。风月平分破。"如我能和诸位大家赋诗唱和，风月平分，真乃人生一大快事。感恩夫人红霞的勉励；感恩父母、亲人赋予我家学的滋养；感恩吾师蒋虔生先生的教诲；感恩杨瑛大师的关怀指导；感恩朱训德、龚旭东、刘伟、王小保四位大家再次为我的集子作序，让我荣幸之至。

我们既是中国传统文化的传承者，又是创新者。《惠风和畅集》书名引自东晋王羲之《兰亭序》中"是日也，天朗气清，惠风和畅。"《惠风和畅集》寓意兰亭雅集的现代延续，"惠风和畅"寓意了我们这个国泰民安的盛世，让我们能以诗对话，并产生诗意的生活。谨以"惠风和畅集"为名，向文化先贤王羲之致敬！谨以"惠风和畅"之名，讴歌这个伟大的时代，歌颂这个诗意的国度。

殷昆仑

壬寅年秋于长沙洋湖

目　录

五、新诗新境 ·········· 179

一、感怀遣兴

新春寄语

　　丁酉年正月初一，于家乡与父母共贺新年。值此新春佳节，感躬逢盛世，以寄旭东兄、伟兄、小保兄，祝福岁月安好，万事如意。

一夜爆竹喧嚣闹，清晨犹落桃花雨。

凭栏心驰千里远，复兴路上共盛举。

2017 年 1 月 28 日

送师大 2017 届毕业生

又是一年毕业季，吾"家"四朵金花研究生毕业。曾丽丽爱好写小说，杨雪莹即将远赴上海工作，李盈盈是个热心肠的小丫，张姣艳将去职校任教。此四朵金花，吾以为荣并记。

曾为小说多琢磨，杨门才女沪上花。

李下盈盈暖心热，张榜高中润吾家。

2017 年 6 月 17 日

周家大院调研感怀

庭院深深深几许，昔人已去院庭空。

叹咏旧时风华事，今却徒留游人踪。

仲秋初永州周家大院调研有感

古村得靠倚南岭，双水长养一方人[1]。

选址布局皆妙着，七星北斗精气神[2]。

2017 年 9 月 22 日

注释

[1] 双水指环绕周家大院的贤水、进水两条水系。

[2] 周家大院所在地为南岭山脉的余脉，古村规划按北斗七星之形布局，颇有特色。

己亥端午感怀

又逢端午思屈原，系舟香粽祭圣贤。

会诵离骚越千载，赤心可鉴昭九天。

2019 年 6 月 8 日

和畅集

006

尚书房感怀

楼外丛竹上画窗，新炊豆炸有余香。

秋光好处闲为客，糯感白茶慰我肠。

廊景曾识镶艺品，十年养气润德堂。

堂中乐事流芳远，今世兰亭雅韵长。

2022 年 9 月 14 日

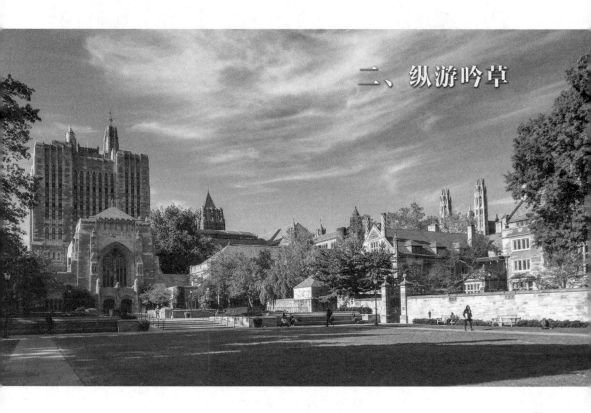

二、纵游吟草

访耶鲁大学

丙申年季秋访问美国耶鲁大学所感。

载誉三百年，名校领风骚。

流连叹秋色，红叶胜春潮。

2016 年 10 月 30 日

雨中游京西潭柘寺

丁酉年仲春与小保等诸君游北京潭柘寺有感。

石径蜿蜒入丛林，万类新象春雨梳。

雾色山中藏古寺，庄严禅境流花谷。

2017 年 3 月 23 日

后海乐色

丁酉年仲春于北京国际绿建大会期间，与小保、旭峰、志高、曹峰夜游后海，欣闻西班牙风情清吧乐队演唱有感。

后海乐色美，琴歌风雅集。

愿将时空住，长留天籁里。

2017 年 3 月 23 日

夜游岳麓山有感

丁酉年孟夏初，逢周末夜游岳麓山有感。

天籁响耳侧，山风吹我襟。

城中有福地，游观踏歌行。

2017 年 5 月 7 日

琵琶湖畔喜乐会

丁酉年孟夏随十翼书院东瀛游学，琵琶湖畔喜乐会有感，并赠刘强老师纪念。

古风席上将进酒，一曲乡愁引共鸣。

同歌苏子明月颂，难忘今宵有缘情。

2017 年 5 月 26 日

日本游学归来

丁酉年仲夏日本游学归来所感。

故乡只在咫尺间，万里长沙一日还。

数日周游择学用，唐宋遗风又新篇。

2017 年 6 月 2 日

从捷克布尔诺赴奥地利维也纳途中有感

丘壑绿坡似流瀑，异彩林中隐村屋。

天地禀赋略不同，油菜花胜在冬初。

2017 年 11 月 14 日

克城感怀

  丁酉年初冬，吾参与湖南省建筑师学会"捷克特色小镇考察之旅"，游历世界文化遗产之克鲁姆洛夫小镇（简称"克城"），并得知捷克这个不足8万平方千米的国度，竟有12处世界文化遗产，心生敬意。考察之余，感叹良多，乃发诗情，是以为记。

山环水绕仙城郭，半岛曲街衔院堂[1]。

古堡云台绝顶处[2]，但看夕阳洞飞廊。

纤纤桥前凝百练，堤后岩上老树生。

溯江欲上寻千景，满城橙色霜林风[3]。

2017 年 11 月 18 日

注释

[1] 克城位于半岛中心区域，内街密布，随形就势，高低错落，街边建筑皆有内院，设置有教堂场所。半岛外侧河水几经叠落呈瀑布景观，并与周边有多座桥梁相连，画中有画。

[2] 克城的中心建筑群古城堡始建于 13 世纪，大部分建筑建于 14—17 世纪，具有晚期哥特式、文艺复兴式、巴洛克式风格。

[3] 克城建筑坡屋顶多为橙色，与夕阳和远处染霜的森林融为一体。

畅游贵阳青岩古镇有感

戊戌年端午，吾前往贵阳探望李琴，与诸友同游贵阳青岩古镇有感。

青岩再遇黔岭风，不经穿越百年中。

鳞次栉比石阶望，街衔远山一线通。

矮墙窄巷通幽处，青藤小院有茶欢。

假日得闲养心气，意飞云贵万重山。

2018 年 6 月 18 日

仲夏北京考察旅途有感

航站一候无讯息，误机再候已雨时。

人亦流连天留客，从容自若淡处之。

2018 年 7 月 7 日

虎形山瑶乡遇雨

戊戌年六月中旬，吾随湖南省建筑师学会考察隆回民居途中遇雨以记。

大雨滂沱落瑶乡，远近山峰雾茫茫。
朝发星城赤炎炎，午转山中享清凉。

2018 年 7 月 27 日

伏羲庙朝圣有感

　　吾久有的梦想——重温唐玄奘走过的取经之旅。季夏之时，吾等一行于甘肃天水开启了"丝绸之路朝圣之旅"，首站朝拜神话中人类的始祖伏羲。

初临斯地生景仰，千年宗庙敬羲皇。

参天古柏六十四，风水福地藏妙章。

文明开化功无量，太极八卦演奇篇。

屹立东方通宇宙，中华大幸递万年。

2018 年 8 月 9 日

孟秋游张掖马蹄寺

马蹄仙迹去何处？但留传说在人间。

百丈悬崖雕巨作，千年佛寺有佳篇。

2018 年 8 月 14 日

观张掖平山湖大峡谷

平山湖大峡谷登高感受：苍茫大地，气势雄浑，那是一种大地迸发出的力量。有诗为证。

青云横极远，丹霞万仞山。

登高入法眼，苍茫指谁边。

2018 年 8 月 14 日

游武威和张掖

丝路说银金，凉州连甘州^[1]。

诗中常相遇，一见解思愁。

2018 年 8 月 14 日

注释

　　[1] 武威古称凉州，张掖古称甘州。丝绸之路（即"丝路"）的历史中，自古有"金张掖、银武威"之称，以表两地在河西走廊中的作用。

一曲信天西北行

　　前往敦煌途中，经停嘉峪关，近观高速公路两侧光伏、风力发电场、高压线走廊，远看左右祁连山、合黎山，蔚为壮观。

　　　　左祁连转右合黎，马欢车快添豪情。

　　　　人生得意须高唱，一曲信天西北行。

2018 年 8 月 15 日

莫高窟朝圣

　　吾久有梦想，仰望莫高窟。幸观洞窟 328、329、332、16、17、428（北周飞天）、259（北魏东方微笑）、231（反弹琵琶）。感受千年中华瑰宝的光芒。

敦煌者也大盛哉，丝路朝圣谒莫高。

东方微笑惊后世，千佛千年洞光昭。

壁画如生飞天舞，反弹琵琶乐中骄。

更有藏经传天下，开拓东西文化桥。

2018 年 8 月 17 日

停坐敦煌月牙泉有感

炎日午后停月泉，鸣沙山下风习习。

人生三万六千日，此闲半日亦足矣。

2018 年 8 月 17 日

戊戌孟秋登滕王阁

滕王阁古称江南三大名楼之一，与其多少次遇见只在唐代文学家王勃的《滕王阁序》中。吾曾写"感悦唐代文学中的建筑意境之美"一文可为初识，早生向往之情，今日得见，时空虽异，神韵犹在，遂圆我梦并记。

滕王高阁出重霄，碧瓦红墙临大江。

瑰伟绝特今重现，落霞孤鹜唱未央。

2018 年 9 月 7 日

松江览胜

　　久慕同济大学冯纪忠先生之上海松江方塔园"何陋轩"设计之高妙，今日得见果真不同凡响，圆我多年念想。回长途中，乃作诗以记之。

　　　　妙手天成一大观，方塔园中何陋轩。

　　　　溪桥小径通幽处，环墙竹构有惊欢。

　　　　隔岸绿篁帘中看，蓬舟待发飘云帆。

　　　　大师意匠营仙境，欲述其真已忘言。

2019 年 3 月 14 日

早行翁草村

是日，吾随湖南省建筑师学会考察古丈民居翁草村有感。

晨光照苗岭，山气绕村郭。

桃源惊梦境，笑我此中活。

2019 年 8 月 3 日

大观楼感怀

　　黄昏时光的滇池，秋风吹拂，四面芙蓉，堤上金柳婆娑，远处西山横亘。

早闻髯翁长联诗，今登斯楼真大观。

长天一色斜阳美，凭栏风月际无边。

大观楼前思千载，无边风情扑面来。

湖畔金柳夕阳下，万顷芙蓉一并开。

惠风

和畅集

游昆明圆通寺

宝镜映螺峰，狮桥渡众僧。

佛谷云深处，风颂涌潮声。

2019 年 8 月 12 日

天缘桥怀古

　　从《建水记》一书中，识得天缘桥。天缘桥立于乡野数百年，曾造福地方，有亭碑为证。今遇一方胜境凋零，感慨系之，吾以诗为记。

今阳照古桥，废荒少路人。

野蔓残碑在，秋风浅唱吟。

千载兴亡事，徒留悲满襟。

2019 年 8 月 16 日

惠风

和畅集

观大理崇圣寺落日

大理三塔，在我梦萦。今日得见，果一大观也。

落日照苍山，千峰金羽裳。

祥云绕三塔，佛光万丈长。

幻境犹穿越，因之梦盛唐。

2019 年 8 月 19 日

雨中访 RCR 事务所

　　秋色缤纷之际，吾随湖南省建筑师学会考察西班牙，于奥洛特小镇访问 RCR 建筑事务所有感。

东方来访客，好雨应时合。

雨亭秋声色，风院有高格。

旧坊渔知者，殊胜谓如何？

和畅集

2019 年 10 月 30 日

035

登阿尔罕布拉宫

己亥年深秋，吾随湖南省建筑师学会访问西班牙格拉纳达，登阿尔罕布拉宫朝圣有感。

宫阙巍峨入云汉，秋风瑟瑟尚高台。

画栋珠帘韵犹在，余音未散豪气衰。

幸作遗产尘封末，留与今人作期会。

弗曲怅惘成长忆[1]，落日城下悲与谁？

2019 年 11 月 5 日

注释

[1] 弗曲指西班牙音乐大师弗朗西斯科·塔雷加的吉他曲《阿尔罕布拉宫的回忆》。

宿安吉稻湾湾民宿

　　庚子年立秋与徐峰、周晋、柏俊、曹峰、建光等诸君于湖州安吉鲁家村调研有感。

白茶回甘入梦香，一觉醒自百鸟欢。

晨舞太极欣喜院，鲁家菜根分外甜。

2020 年 8 月 8 日

雨中梁园

　　庚子年七月初，与福州陈光胜等诸君得半日之闲，雨中同游岭南四大园林之佛山梁园并记。

　　　　岭南一梦到梁园，尺巷深深雨也欢。

　　　　檐下天井说四水，洞天更看秋爽轩。

2020 年 8 月 20 日

登岳阳楼

湖南省建筑设计院成立70周年之际，我和旭峰诸君回访岳阳楼修复设计项目有感并记。

今春又上岳阳楼，览物之情感万千。

渺渺烟波天际远，君山若隐海云间。

2022 年 4 月 20 日

停浏阳村居

山村远烟炊，寻觅满心遂。

蔬豆觉真味，暂得乐隐归。

2022 年 4 月 22 日

中田村怀古

参加湖南省建筑师学会第七次湖南传统民居考察活动，第一站常宁市庙前镇中田村考察以记。

深深尺巷水山连，夏日清风抚我心。

遥想山村烟火胜，月塘鉴照古和今。

2022 年 8 月 6 日

咏上甘棠村

　　参加湖南省建筑师学会第七次湖南传统民居考察活动，第二站江永县上甘棠村，其村落建设千年不衰，令我神往已久。今日得以圆梦以记。

谢沐清江抱古村[1]，十门九巷面都庞[2]。

太极意象藏神妙[3]，胜地千年流水长。

2022 年 8 月 6 日

注释

[1] 谢沐指江永县上甘棠村的谢沐河。

[2] 都庞指五岭之一的都庞岭。

[3] 太极指上甘棠村规划布局呈太极图像。

三、友朋唱和

姑苏吟草

重游艺圃

　　几度姑苏游，艺圃印象尤为特别。季夏之时故地重游，流连其内外长廊，感凉风习习，好不轻快。有诗为记。

北宅南苑巧布局，妙用风廊祛暑意。

延光阁窗开画卷，绿水青山来眼底。

2016 年 8 月 1 日

丙申季夏携学子同游留园有感

姑苏几度降留园，情愫萦回忆旧春。

盛暑不改游中乐，楼台杯举对冠云。

2016 年 8 月 2 日

忆同游留园奉和昆仑

龚旭东

留园最是留人心，忆往总念从游春。

楼台丘壑知雅意，携行把酒笑流云。

2016 年 8 月 2 日

清水塘边读昆仑再饮茶冠云峰前诗以和

刘　伟

清茶冠云意流连，春夏几度萦梦牵。

归去岁月不羁旅，姑苏秀雅此窗前。

2016 年 8 月 2 日

再访留园冠云峰

又至冠云逸翠影，三杯两盏话园林。

斯情斯景如昨日，留园留梦觅觅寻。

2017 年 6 月 25 日

微风细雨姑苏行

　　父亲 80 岁华诞之际，我与夫人陪同父母到苏杭一游。再游姑苏留园，借《留园记》中"留园之名常留于天地间矣"之意，以诗记之。

清泉洗心参禅机，白云怡意倚冠云。

又逢八月醉丹桂，微风细雨姑苏行。

2017 年 10 月 11 日

重游网师园

清能早达犹迟意，院落深深掩云梯[1]。

集虚上遇临风悦[2]，转见莺歌丛桂栖。

2020 年 8 月 27 日

注释

[1] 云梯指园中"云梯室"，园主曾借此秋夜登楼赏月。

[2] 集虚指园中"集虚斋"。

游退思园

辛丑年暮春，千里来寻退思园，见到此园，果然不同凡响。退思园以西宅、中庭、东园布局，东园在规则的空间中心营造自由灵动的园林景观，园林建筑均贴水而建，尤为美妙。登辛台临风览胜最为惬意，以诗为记。

寻寻觅觅退思园，院落深深画境开。

望月辛台留我处[1]，八方共赏泠风来。

2021 年 5 月 2 日

注释

[1] 辛台是读书人辛勤耕耘的地方。

月下梦网师

暮春十八寅时夜即起，见窗外一轮明月，堂前月华如水，忽念姑苏网师园。今幸得故地重游以记。

星沙月夜偶识得，但见清辉造妙玄。

忽念姑苏惊旧梦，风来月下网师园。

2021 年 5 月 2 日

闲情吟草

燕子来时，细雨满天风满院（和刘伟联）

燕子来时，细雨满天风满院。

栏杆依处，青梅如豆柳如烟。（刘伟）

木樨初开，星城万树芳菲酿。

澄辉蔼蔼，神州千月映千江。（殷昆仑）

2016 年 9 月 19 日

冬话会无轩（和刘伟联）

深夜，吾与刘伟老师、小保老师三人在湖南省建筑师学会年会闭幕之际相会于清水塘畔会无轩，续话"大设计·新生态"主题，探讨文化重构之路径……三人语入情怀处，犹如灯烛相照明。

东方欲晓月影淡，清水塘傍夜话深。（刘伟）

男儿自有真情在，共举杯酒长精神。（殷昆仑）

2016 年 12 月 10 日

和刘伟古村寒冬联

微雨寒冬中游模唐古村，见小河里群鸭来回穿梭，得句。

寒鸭戏水石渐老，红掌映波雨无痕。（刘伟）

缘溪九曲景相异，烟色村廓古韵深。（殷昆仑）

2017 年 1 月 11 日

冬阳闲想

午后闲来水边坐，一湖冬阳贴身随。

要问惬意何处来，缘在公园把家回。

2017 年 1 月 23 日

十年追一梦

　　丁酉年春节向训德、文一老师祝贺新年。在听泉书院——朱训德美术馆即将开工之际赋诗并记。

　　　十年追一梦，响泉犹可听。

　　　疏林藏深秀，大象嘉楼亭。

2017 年 1 月 31 日

感昆仑《十年追一梦》

邓文一

岁月不定居，听泉园可望。

思白驹过隙，祈缘分久长！

2017 年 1 月 31 日

感殷总《十年追一梦》

彭琳娜

十年怀揣梦，而今始闻声。

一汪清泉水，沁润缓攀登。

细活虽慢出，大器都晚成。

朗声绕梁日，足以慰心神。

2017 年 2 月 15 日

咏雪峰湖山堂

感"雪峰湖山堂"杨瑛工作室项目设计创作，丁酉新春赠杨总。

起伏开合缘山行，游观建筑情境迁。

若问灵渠来哪里？湖山堂上云水间。

2017 年 2 月 10 日

雪峰湖山堂

杨瑛

　　正月元宵即将来临之际，在工作室募得几首诗，借此祝贺各位同人元宵节快乐！同时祝家乡的工作室——"雪峰湖山堂"杨瑛工作室顺利建设！

雪峰湖山堂，烟景牛斗横。
夕阳罕停光，阴水方满盈。

雪峰湖山堂，风寒日相望。
御史今未央，清霜湛华皇。

雪山湖山堂，春风吹我裳。
樽酒一共斟，无恨不及长。

2017 年 2 月 11 日

杨瑛工作室十八岁生日纪念赠杨总

十八创作硕果累，江雅新厦压轴篇。

更喜情境舒云卷，雪峰堂画贺新天。

2017 年 3 月 19 日

和畅集

一曲听泉满堂惊

　　观训德先生《听泉》巨作，感大师印象和心灵光芒，气势撼人。寄赠训德、文一老师。

　　　　鸿篇巨制呼之出，一曲听泉满堂惊。

　　　　高山流水超然境，煮酒英雄潇湘情。

2017 年 3 月 19 日

感《一曲听泉满堂惊》

邓文一

感训德先生《听泉》巨制，和听泉书院设计大师昆仑先生。

泛舟水府渚，振策潇湘岑。

烟云渺天际，听泉湘水音。

怀古文人志，忧时君子心。

寄言昆仑兄，莽苍谁与寻。

2017 年 3 月 21 日

和张导联句

丙申年秋，吾随湖南省建筑师学会前往美国东部考察建筑，由张导为我们全程导游。丁酉年仲春，吾与张导在北京再次相聚并联句，以作纪念。

春分时节又逢君，美酒相伴忆当年。（张导）

秋色秋语交相映，美东犹在谈笑间。（殷昆仑）

2017 年 3 月 23 日

富厚堂念想

丁酉年暮春之初与恩师蒋虔生先生同游曾国藩故居有感。

春雨浓浓心驰往，久有念想富厚堂。

群山尽染水墨韵，醉美乡景圆梦长。

2017 年 4 月 6 日

复昆仑《富厚堂念想》

蒋虔生

复殷昆仑于柬埔寨吴哥寺。

春风发物绿雨深，毅勇侯第一昆仑。
乡音乡情今犹醉，堂前芳草尚留痕。

2017 年 4 月 15 日

偶遇山村人家

丁酉年孟夏做客宁乡资福拜寿。偶遇山村人家，其宅院有一株梅花，每年春来满树白色花朵绽放，暗香涌动。让我心存念想以记。

乌牛山下种福地，白云深处藏人家。

访客期遇得欢喜，春来更待约梅花。

2017 年 5 月 14 日

酬昆仑《偶遇山村人家》

龚旭东

酬昆仑兄《偶遇山村人家》诗及照。

身居闹市心每烦，常叹难得半日闲。

凭君飞送柴门照，济我此时梦云山。

2017 年 5 月 14 日

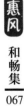

赠东岚先生

　　丁酉年季夏，吾和曹峰等一行人前往济南山东建筑大学参加绿色建筑交流盛会。会间与吕东岚教授一见如故。难忘的一期一会，以诗为记。

　　一壶浊酒喜相逢，孔孟之乡遇故交。

　　音乐诗茶意未尽，留与长沙续逍遥。

2017 年 7 月 8 日

应昆仑先生雅意

吕东岚

　　岱岳夫子庙，湘江橘子洲。

　　不期和琴瑟，难得畅神游。

2017 年 7 月 8 日

贺雪峰湖山堂奠基

丁酉年腊月初九"雪峰湖山堂"杨瑛工作室奠基典礼，各方嘉宾云集同贺有感，赠杨总。

柘溪云山降瑞雪，艺馆开工盛吉祥。

大作落成待时日，高台会饮颂华章。

2018 年 1 月 25 日

戊戌孟春有感

家园一派好春色，处处春景递清香。

我道天公应时节，送予人间尽芬芳。

2018 年 3 月 10 日

春分寄旭东

莫怨光阴似马奔，三年不觉又春分。

常忆载茶共时节，百果湖畔笑东风。

2018 年 3 月 22 日

酬刘建勇先生

　　端午云游贵阳，刘建勇先生作陪，以贵阳山水和佳茗抚我，吾以诗酬答。

黔南古堡同游历，高台禅林洞云飞。

贵阳城中得茶趣，南明河畔咏而归。

2018 年 6 月 18 日

五十感怀

王小保

半学半知半成，倏而知天命；

一心一念一事，从此须力行。

2018 年 7 月 5 日

贺小保五十华诞

闻小保五十初度口占以贺。

人生天命从兹知晓，艺术景观如此多娇。（龚旭东）

贺小保五十华诞接龙旭东兄联。

与生俱来内力所向，指点江山无限风光。（殷昆仑）

贺小保五十华诞接龙旭东、昆仑二兄联。

五十方知天命如许，从今往后人力何为。（刘伟）

湘中民居考察酬后老

值季夏十五之夜，一轮圆月挂于花瑶东山之上。后老在瑶乡村举行独特的篝火盛会，迎接湖南省建筑师学会湘中民居考察组一行。吾人生数十年才遇，如此释怀，夜不能寐，拙诗以记之。

山间月亮爬上来，场院篝火映古村。

呜哇歌舞引诗赋，开心抬上卧行云。

瑶乡幸自引老后，乡土文明惊世殊。

情怀与共约千里，把酒相逢豪气出。

2018 年 7 月 28 日

和小保"浮生半日山中走"

浮生半日山中走，洞天方识山水闲。（王小保）

云中小径仙踪客，聆听清泉石上响。（殷昆仑）

闲坐小楼聆天籁，神游山水寄幽怀。（龚旭东）

2018 年 8 月 5 日

玉门关怀古

少时读唐代诗人王之涣《凉州词》："黄河远上白云间，一片孤城万仞山。羌笛何须怨杨柳，春风不度玉门关。"唐诗留给我们以汉唐边关的记忆。今见玉门关，只留土墩古堡和城郭遗址，但其雄浑犹在。遥想斯地曾经有多少醉卧沙场的将士以身报国，不禁感慨，令人肃然起敬并记。

孤城只在云烟里，春风不度望千年。

我今凭吊怀悠远，残阳依旧照汉关。

2018 年 8 月 15 日

感昆仑游玉门关赋诗

龚旭东

玉门关外看苍茫，大漠狂沙思绪长。

千秋诗情一杯酒，化作春雨润肝肠。

一碧长天戈壁空，白云似马放胆奔。

千古诗情历历涌，化作清气满乾坤。

2018 年 8 月 16 日

和刘伟"月上亭台有清风"

携琴溪桥归来晚，月上亭台有清风。（刘伟）

清风明月寄水府，引我倾耳听泉声。（殷昆仑）

泉声琴韵溪桥晚，明月清风会意浓。（龚旭东）

2018 年 10 月 18 日

东乡垄上行

星城深秋时节，吾师蒋虔生先生从深圳回来，师妹邓群同邀我前往长沙东边乡村赏秋，以诗为记。

东乡正是农闲景，共赏丹秋垄上行。

熙阳田间茶叙悦，农家食美醉湘情。

2018 年 11 月 5 日

岁末感怀

　　新年来临之际，旭东兄邀聚尚书房，与小保、天舒等言及《昆仑酬唱集序》背后的故事，不胜感慨，以诗记之。

　　　　岁末绵绵寒雨夜，尚书房里暖言时。

　　　　言中诗集写序事，字字寻味真情依。

茶会冬夜

戊戌年岁末，志高、向丹、烨旭等冬夜来访寒舍，茶饮人生，一期一会，暖意融融，以诗记之。

罗汉一饮岩茶沁[1]，老树二泡红茗醅。

青红复暖人生意，冬夜不觉潇雨寒。

2019 年 1 月 13 日

注释

[1] 罗汉岩茶为烨旭带来的一款尝鲜之茶。

《昆仑酬唱集》出版小庆

　　戊戌年大寒日，吾借《昆仑酬唱集》出版之机，特邀训德先生、旭东、刘伟、文光、小保，六家以一期一会的形式，相聚蓉园八号楼（吾曾为该工程设计主持建筑师）。期会的美好，唯有诗可言传。感恩诸位师友为《昆仑酬唱集》作序和勉励，感恩诸位大家让我的人生旅途充满了诗意和向往。

> 师友情深酬唱夜，蓉园期会同庆时。
>
> 湘楚今朝兰亭士，和风雅趣诗意栖。
>
> 文光赠画观音像，赐我从容宠不惊。
>
> 会友以文辅仁事，大寒大有温暖情。

2019 年 1 月 21 日

己亥年玉潭新春有感

朝雨暮晴春风拂，新春团圆无离愁。

寒冬不觉悄然过，春意已上柳枝头。

2019 年 2 月 6 日

和昆仑新春诗

刘　伟

己亥年铜官老街富兴窑楼顶，品茶读昆仑兄《己亥年玉潭新春有感》诗以贺。

英伦远客姑苏友，齐聚铜官古镇游。

料峭冬寒随风去，柳枝细叶待出头。

2019 年 2 月 6 日

殷昆仑：伟兄唱和，好诗！好诗！新春佳节，有朋自远方来，并以诗为记，快哉之至也！

《和昆仑新春诗》有感

王小保

新春迎新到，福年春气早。

已是南国百草枯，犹有杜鹃俏。

2019 年 2 月 6 日

殷昆仑：好诗也，伟兄、小保兄唱和，已成三人新春行也。快哉！快哉！

获赠昆仑先生诗集后感

周　磊

新春佳节后，喜获先生书。开卷有兰馨，字字如玑珠。

诗中藏真趣，温润比瑾瑜。意境追高远，清幽堪自许。

往来无尘俗，酬唱雅宾主。流觞曲水时，邀月饮江渚。

谦谦君子德，敦敦儒者语。蒙君所不厌，涵容我笨愚。

2019 年 2 月 14 日

殷昆仑：周院长好诗，您亦是性情中人。沉醉忘归人，催生好诗情。谨表吾谢意。

周磊：先生谬奖，我等入军营近卅载，性顽钝，行粗鄙，文不成、武未就，唯尊学问之人，今有幸遇先生，三生有幸也。诚请先生不吝赐教，以厚我德，以丰我学。

新春酬周磊先生

从军砥柱石，演文亦风流。

谁言性愚笨，诗发情悠悠。

2019 年 2 月 15 日

酬答昆仑先生赠诗

周　磊

湘西荷花耀碧峰[1]，迎来彩凤栖梧桐。

大师再挥神来笔，又绘黄花亮城东[2]。

2019 年 2 月 17 日

注释

[1] 荷花指昆仑先生设计的张家界荷花机场。

[2] 黄花指昆仑先生设计的长沙黄花机场。

己亥新春聚

　　己亥年新春夜，我的十多位学生来访。借《昆仑酬唱集》出版，赠书与茶叙。愉悦如春风，吾以诗为记。

　　　　花丛溢书香，春风暖陋室。

　　　　茶叙喜相会，畅言已忘时。

2019 年 2 月 22 日

青园春之雅集

　　己亥年仲春，应青园主人之邀赏春游园。园主人在年前寒冬之时收集了一罐梅花上的雪，作为雅集之引和沏茶之水。小保兄以炭火烧雪水，引淡白茶泡之，其味无穷，妙不可言。青园良辰美景，有晏青、旭东、小保、喻当等诸君十人共成此次春之雅集。

　　　　只应天上有，梅花雪水香。

　　　　白茶双味煮，一饮思无疆。

和《青园春之雅集》

刘 伟

前日，昆仑兄力邀同往青园共饮梅花雪水煮茶，因吾去京领奖，未能与诸君雅聚以为憾事，今日得昆仑兄好句，归途中即和！

雪落寒梅上，淡扫瓦罐藏。

呼朋十座侃，炭煮白茶香。

2019 年 4 月 2 日

殷昆仑：伟兄好诗！人虽未至，心有向往。同享。

春日青园品梅蕊水茗感赋

龚旭东

晏青集梅蕊之雪，小保司茶，配以老白茶数片，妙香无比。即席口占四句。同座昆仑夫妇、喻当夫妇、旭东夫妇。

一缕幽香萦花魂，二分春色接微云。

舌底清和沁心韵，一阳复始阴中寻。

2019 年 4 月 2 日

殷昆仑：旭东兄诗韵悠长，令人回味无穷也。

龚旭东：喝茶时就写好了，有两处平仄不稳，亦有重文处，不敢拿出来。打油诗而已。只第一句还满意。

青园

——余韵胜琼浆

喻 当

步殷老师韵，狗尾续貂，殷老师及诸师友斧正。

春暮寻梅影，青园有异香。

风雩修禊事，余韵胜琼浆。

2019 年 4 月 2 日

殷昆仑：喻老师青园雅韵，续其微醺，意犹未尽也。青园春之雅集，让我们重拾先贤们的那份高雅和高贵。在物欲横流的现实社会中，不失为一缕清风，快哉之至也！多谢晏总，青园期会，唯有诗可续其微醺。

晏青：殷老师，可有时间发你的诗到群里？以飨群友。一起翻看当酒喝，当茶饮。

十年磨一剑

深圳第十五届国际绿色建筑与建筑节能大会上演讲有感。

十年磨一剑，岭南发千声。

奋发有宏愿，硕果慰平生。

2019 年 4 月 4 日

春日赠龙江先生

　　己亥年季春龙江先生生日，恰逢纪念五四运动 100 周年。众亲友聚于尚书房润德堂祝福。华堂之上鲜花锦簇，茶果飘香。席间龙江先生即兴演唱昆曲《牡丹亭》片段等，有小保弟子杨甸同台助兴，不亦乐乎。良辰美景，人醉忘归，吾以诗为记。

　　　　润德多温馨，百花为君宜。

　　　　欣逢重佳日，曲酣无归思。

2019 年 5 月 4 日

临安文庙感怀

　　游云南建水（古称临安）文庙，吾与随行学生于"洙泗渊源"牌楼下，坐观云山，如在舞雩台上吹风，体会现代版"吾与点也"的畅快。

　　建水城中览名胜，先师庙前仰文宗。

　　畅游学海涯无际，思乐亭作扁舟横。

　　洙泗枋下吾与点，坐看云山习习风。

2019 年 8 月 14 日

和昆仑《临安文庙感怀》

易 通

潇湘江畔熏和杕，诵读诗书朗朗声[1]。

2019 年 8 月 14 日

注释

[1] 易通先生乃我中学时的班主任兼语文老师。少时，我喜爱文学、诗歌，
受先生影响良多。

和杨瑛又见老家老堤上那间老屋联

秋风幽草涧霞生，老屋无人梁自横。（杨瑛）

长塘自是风景好，深林夕照故园村。（殷昆仑）

2019 年 9 月 14 日

和训德先生点亮读书灯联

点亮读书灯，一身都是月。（朱训德）

瀚养十年气，听泉筑梦圆。（殷昆仑）

2019 年 9 月 14 日

六十感怀

龚旭东

花甲童子心陶然，冬阳有爱开笑颜。

人生新境从兹启，春光烂漫从容看。

贺旭东

是日，旭东兄生日，好朋友相聚庆贺，作诗以记。

花甲展颜似童子，寒冬酣酒悦友朋。

更待尖山妙高处，种桃种李种春风。（殷昆仑）

花甲展颜似童子，桃实呈瑞同散仙。（刘英琪）

花甲展颜似童子，百年比翼恰少年。（王小保）

花甲展颜似童子，百年回春再少年。（何启明）

2020 年 1 月 18 日

和刘伟千年一遇

不遇千年今得遇，一期一会正当年。（刘伟）

只因遇见相珍视，未负韶华天地宽。（殷昆仑）

2020 年 2 月 2 日

立春读《离骚》

　　庚子年立春，正值疫情防控期间，乃不得出。早读《离骚》，不觉十一年有余。诗中兰芬如沐，神高驰之邈邈……以诗为记。

吾诵离骚十一载，立春又读字字香。

兰芬楚韵今未沐，赫戏常照我心堂[1]。

2020 年 2 月 4 日

注释

[1]《离骚》中有"陟升皇之赫戏兮"，赫戏指光明的样子。

和昆仑《立春读〈离骚〉》

王小保

赫曦赫曦千年事，离骚楚韵道南承。

岳麓灵秀人辈出，湘江北去又一春。

2020 年 2 月 4 日

春日读《九歌》并酬昆仑诗

龚旭东

　　庚子年元宵节，宅家避疫，读屈原《九歌》欲修改同名民乐剧。昆仑兄飞来《立春读〈离骚〉》诗，可谓心有灵犀。因口占四句，不计工拙，但得同声同气也。吟毕照例"捂"几天看可有修改余地，后两句不谐音律，但终不愿以辞害意。聊以此奉祝昆仑兄元宵节快乐！

　　君诵离骚我九歌，路行漫漫忧思多。

　　人间有疫心无疫，春分且听春雷呵。

2020 年 2 月 8 日

　　殷昆仑：庚子年元宵节，宅家避疫。吾正读太白诗句"屈平辞赋悬日月……"，忽闻旭东兄发来新诗唱和，倍添欢喜之心。好诗来也。屈子《九歌》，经兄长编剧搬上舞台，实乃大文化功德。期待兄长大作修改后，大放光彩。

再酬昆仑《立春读〈离骚〉》

龚旭东

上诗作毕，忽又得前二句，然久未续全。今疫情仍在，因续之。

神州自古恶疫多，赖有岐黄使消磨。

愿得芝兰开满地，沐遍人间是颐和。

2020 年 2 月 10 日

己亥长沙小聚

易　通

小聚长沙七月中，尚书房里意趣浓。

疑将旧版当新版，错把达翁作孔翁。

别选时蔬香齿舌，精编诗集悦心胸。

麓山夜色今犹记，湘水南来古亦同。

2020 年 2 月 18 日

　　殷昆仑：易老师文质兼备的诗作佳句，记录了珍贵的一期一会。谢谢您！您过去是我的先生，今天还是我的先生，将来必定还是我的先生。

酬吾师易通先生《己亥长沙小聚》

己亥年夏，我与易老师、泽润等同学相会于长沙湘江畔尚书房。今欣闻易老师作诗为记，吾拟拙句以赠答。

昨日熏风画楼叙，趣生共赏园艺殊。

总如相逢会心处，何当再展麓山图。

2020 年 2 月 19 日

易通老师：和诗见深情，确是义高人。昔时品德优，而今事业盛。

殷昆仑：易老师过奖了。能与您以诗歌的形式进行交流，不断向您学习，是我人生的一大快事。

山居会

庚子年立夏日，吾与小保、刘伟、刘爵等诸位好友会于望城旭东山居，吟歌赋诗，极酣畅淋漓之致。

久有期待米地亚[1]，立夏时节遂愿偿。

喜雨相逢知雅意，山居会聚悦清凉。

席客禅歌"扫心地"[2]，兴尽高吟进酒将。

会当一饮三百盏，坐对尖山伴书香[3]。

2020 年 5 月 5 日

注释

[1] 米地亚，旭东山居所在地名。

[2] "扫心地"指刘爵所作《扫地歌》，歌中充满禅意。

[3] 尖山指旭东山居南面的远景。

读昆仑《山居会》诗漫和

龚旭东

夏至山居雅集好，客来寒舍开樽香。

微醺更吟将进酒，且坐小楼日月长。

2020 年 5 月 6 日

风　铃

　　家有风铃，来自北欧的一座海岛，吾甚欢喜。吾将其悬挂于厅堂的南窗之上，每当南风吹拂，它便发出悦耳的铃音。感"南风之熏兮，可以解吾民之愠兮。南风之时兮，可以阜吾民之财兮。"

　　一阵风铃敲梦醒，遥想异域海潮声。

　　江楼铃音悦数载，慰我心扉乃湘风。

2020 年 6 月 28 日

炎帝陵朝圣

午门迎远客，拜谒炎帝陵。

感德配天地，福泽众生灵。

2020 年 7 月 16 日

赠从玉君

二十二年湘鄂情，金风时季喜相逢。

花台茶语欢歌夜，月下心听友琴声。

2020 年 8 月 29 日

国庆中秋茶叙

　　人说遇到一泡好茶，是一种缘分。福州光胜兄送我好茶，尚书房中与小保诸君佳节共享。

　　　　　佳节泡佳茗，通透暖全身。

　　　　　若问茶妙处，且待福州人。

2020 年 10 月 4 日

秋思一首

　　　秋风细雨送秋凉，慢琢佳文百味尝。

　　　有益杂学添能量，养心养气养担当。

2020 年 10 月 16 日

赠陈光胜

喜会福州友，湘中叙旧缘。

秋风山径晚，落日分外圆。

2020 年 11 月 13 日

平台群英会有感

  2010 年，由湖南省建筑设计院牵头创建了湖南省绿色建筑产学研结合创新平台，吾有幸担任平台首席专家。十年间，平台合作单位发展到 16 家，汇集了一批志同道合的专家学者，构建了湖南省绿色建筑标准技术体系，为推动湖南省绿色建筑事业的发展做出了重要贡献。值平台创建十年所感并记。

    绿建先锋队，十年硕果集。

    群英襄盛举，明天更可期。

2021 年 1 月 3 日

炎陵畅想

——赠朝晖书记

求贤若渴谋大计，顶层格局策划先。

文化为魂文明续，绿色为本硕果山。

神农福地佑国泰，避暑天堂康养安。

申遗且看功成日，山水慢城海外传。

2021 年 1 月 10 日

早　春

午后斜阳好，闲适意逍遥。

喜听庭树鸟，春早已翔遨。

2021 年 1 月 17 日

新春会

辛丑年正月初，我与从玉兄、小保兄、张明兄四家新春聚会，以诗为记。

缕缕香茗迎远客，东风百里鄂湘情。

庭中树畔夕阳美，细语茶温话共鸣。

相聚佳节识雅趣，流觞曲水有今传。

张兄响唱惊堂座，屋满春风尽笑颜。

惠风

和畅集

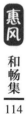

仲春雅集

　　辛丑年仲春初，借《昆仑文集》出版，我邀朱训德、龚旭东、刘伟、王小保、郭文光五位大家和家人，于新民路尚书房举办仲春雅集，以诗为记。

　　潇湘魏晋，麓山下仲春雅集，六君子流觞论道。

　　名士风流，湘水畔临风把酒，众湘生正气英雄。（殷昆仑）

　　　　漤湾镇君子雅集，酒香笑暖；

　　　　润德堂春风频送，情深意长。（龚旭东）

　　吾道南来，湘水边吟风送盏，众亲朋煮茶夜话。

　　湘江北去，麓山下推心置腹，好兄弟击掌高歌。（刘伟）

2021 年 3 月 21 日

庆贺中国共产党百年华诞

百年大党正风华，赶考路上再出发。

伟大征程中国梦，民族复兴信必达。

2021 年 7 月 1 日

贺《湖南省绿色建筑发展条例》发布

《湖南省绿色建筑发展条例》于 2021 年 7 月 30 日经湖南省第十三届人大常委会第二十五次会议通过，并于 2021 年 10 月 1 日起实施。这是湖南绿建人期盼已久的大事。吾有幸参与条例的编制工作，倍感荣光。以诗为记。

公益事业并行生，奋力十年业始成。

绿建湘军齐贺庆，共襄盛举跃新程。

2021 年 8 月 1 日

岁末大雪

黎明一刻惊新景，一派银装素裹天。

未见多年今喜见，吉祥大雪兆丰年。

2021 年 12 月 26 日

贺志高

欣闻志高荣升副教授，十分开心。以诗作贺。

从教十余载，丰年硕果甜。

新程当再厉，长理展新篇[1]。

2022 年 1 月 2 日

注释
[1]"长理"指长沙理工大学。

谢恩师

向 丹

受教恩师十数年，小小成绩岂敢言。

学术生涯路漫漫，吾心一片寄明月。

2022 年 1 月 3 日

殷昆仑：向丹好诗，能有唱和，不亦快哉！

向丹：仓促成诗，欠斟酌，让殷老师见笑了。

殷昆仑：刘勰《文心雕龙》所言："文果载心，余心有寄。"诗歌就是人生每一段旅程中最好的诗意表达。

向丹：确实如此，好的诗歌能言情言志，短短几句如能很到位地表达心之感受，那是莫大的幸福！受教了。

理 园

清明半日闲，理我尺七园。

耘籽培春树，濠濮乐此间。

2022 年 4 月 3 日

听雨期会

——赠吾师易通先生

　　我中学的班主任老师易通先生移居长沙数年，虽在同城，师生相聚无多。此次与老师相约洋湖，风雨无阻，是以为记。

　　　　西城几度听春雨，情义相约岂问天。

　　　　对话人生过程论，洋湖兴会有新篇。

2022 年 4 月 30 日

谢恩师虔生先生远方寄茶

　　　　师父深情意，千山万水长。

　　　　饮茶思本处，点点暖心肠。

2022 年 5 月 8 日

痛惜化龙池百年玉兰

清晨梦醒，忽想念化龙池群众文化活动中心的那棵玉兰树。待我赶到现场，斯树却早已不在，震惊之余，悲伤已不能自已。想二十年前，我有幸设计化龙池群众文化活动中心。该楼落成时，这棵经精心设计保护下来的百年玉兰树就成为了这座建筑的灵魂，也成为了这个场所的历史记忆，百余年来，它一直为这方天地默默奉献其自然的芬芳。如今，那棵与建筑共生的百年玉兰树已不在，我发表在新湖南上的那篇《人与树的故事》只成追忆。

百年玉树遭折运，黯淡楼庭不再芳。

试问灵魂何处去？空留建筑我悲伤。

2022 年 5 月 14 日

感化龙池百年玉兰之逝

龚旭东

其一

芳魂已追古人去，此地空余喧闹声。

百年玉树知世事，谁说草木无性灵！

其二

入夏玉兰灿如霞，高洁典雅贵琼华。

不倚高阁不折骨，宁散芳魂到天涯。

贺省院风华正茂

欣逢院庆七十载，设计湖南硕果甜。

后起湘军多俊秀，宏图再创上新篇。

2022 年 7 月 2 日

夜深人静月高悬

王小保

夜深月光明，如日恰东升。

寂静虫鸣浅，声声催人寐。

2022 年 8 月 11 日

和小保兄《夜深人静月高悬》

好借夜光明，披星戴月行。

虫鸣吹奏曲，畅快有诗兴。

2022 年 8 月 12 日

秋月有感

——暨应小保昆仑诗

龚旭东

皎皎玉如冰，澄澈映天心。

庭中一泓水，来共此晶莹。

水月寄悠远，情思荡鸣琴。

幽幽此中意，襟怀欲啸吟。

长啸不可舒，秋风袅袅新。

金风漾池水，冰月泛清音。

树影恒摇曳，虫鸣亦相亲。

久伫生凉意，谁与叙胸襟。

古月飞复还，古贤若比邻。

心中思不尽，几番泪欲倾。

2022 年 8 月 20 日

遇酷暑年

壬寅虎年孟秋，长沙连续 18 天高温天气，气温从 36℃ 一直上升到 40℃ 以上，突破 1961 年以来长沙高温纪录。市人多不安，长沙方言讲"热得无路哒"，为 60 年一遇，是以为记。

平生未遇今般热，夏炎连秋日恐惶。

个个都说无路去，星城何处索清凉。

2022 年 8 月 18 日

和昆仑《遇酷暑年》

王小保

烈日炎炎似火烧，万里无云秋日燥。

江枯地焦蝉声紧，祈祷大风秋雨早。

2022 年 8 月 18 日

和昆仑《遇酷暑年》有感

刘　伟

有感于六十年未历之炎夏，昼夜难熬。

花甲之年逢酷暑，热浪扑面身不安。

凭借水电降火气，此升彼落无处藏。

2022 年 8 月 18 日

星城喜雨

壬寅虎年孟秋，长沙连续 18 天高温天气，我写诗《遇酷暑年》以记。今夜长沙始降喜雨，快哉也！

夜雨敲窗响，星城缓旱荒。

清风消暑意，愿早纳秋凉。

2022 年 8 月 25 日

瓜塘照

杨　瑛

荷塘瓜露湿残黄，一片怜心诉短长。

莫道蜂虫解言语，却能终日点秋香。

2022 年 9 月 11 日

和杨总《瓜塘照》

荷塘叶浪画秋黄，写照瓜田点点香。

我羡蜂虫独乐乐，悠游自在短如长。

2022 年 9 月 11 日

参加宋沙婚礼有感

　　壬寅年国庆期间，我的研究生宋沙在常德举行婚礼，我作为其见证人讲话。吾"家"有喜，作诗为记。

往复奔忙七百里，吾家有喜祝鸿福。

笺书字字传真意，言语声声自肺腑。

2022 年 10 月 3 日

松庐和唱

青青后湖畔

后湖国际艺术园区 YKL 绿色建筑研究室落成记。

青青后湖畔，木舍亭亭然。

圆我梦想造，更喜享林泉。

2019 年 4 月 30 日

罗畅：楼上观麓山风起云涌，楼下伏案听雨打芭蕉。

和《青青后湖畔》

王小保

韵味啊，和诗一首，以表羡慕、嫉妒意……

木舍连后湖，风韵次第新。

庐中多雅事，煮茶论建心。

2019 年 4 月 30 日

春日贺昆仑后湖工作室落成

龚旭东

夜雨芭蕉蕴春心，婆娑竹影作诗吟。

茶香缕缕随风散，小舍林泉意频频。

2019 年 4 月 30 日

以诗答谢友人

2020 年第一天，张文、倬竑等好友送来春风，开怀以记。

乐事新年第一桩，友人送我紫藤花。

育飞种得门前绿，期许春色后湖嘉

2020 年 1 月 2 日

花　信

东风一夜传花信，后院海棠蓓蕾新。

日日新晴说春至，惜花更重寸光阴。

2020 年 3 月 5 日

和昆仑《花信》

刘 伟

海棠春色浅渐深，春风不语化寒冬。

惊蛰时节花欲满，推窗开户纳祥云。

2020 年 3 月 5 日

和昆仑海棠花信

王小保

春风送雨至，花木日渐新。

去年庭前树，扶疏报春深。

2020 年 3 月 5 日

殷昆仑：今日花信，小保兄先在图上"种"得。春风作美，海棠如约。

和昆仑《花信》二首

杨　瑛

回诗两首，匆匆写成，不成诗性，老兄台鉴！

春风吹雨过城头，柳色花光入画楼。

一信暖风天借力，海棠开尽不禁愁。

未漏春风信有凭，卿君无处觅芳名。

海棠恰似知人意，频抱娇容缓缓呈。

2020 年 3 月 5 日

殷昆仑：大师就是大师，诗如泉涌。

贺昆仑庭前花开

王小保

庭前三两支，葳蕤次第开。

海棠花锦簇，报与主人还。

2020 年 3 月 14 日

酬小保《贺昆仑庭前花开》

后湖心有系，春风海棠回。

愿作惜花使，相酌已忘归。

2020 年 3 月 15 日

后园紫藤颂

——赠恩师蒋虔生先生

　　戊戌年春，小保君送我一株来自日本的紫藤。自从这株紫藤落地松庐后园，逐步适应这方水土，今春枝叶分外繁茂，纷其可喜。恩师亦爱之，故赠诗以记。

叶茂生华盖，盘旋起舞台。

愿得开锦簇，妙作待君来。

2021 年 4 月 10 日

后湖听芭蕉树语

芭蕉倚靠书滋味，坐享楼台翠可摘。

扇扇青摇凉意送，沙沙叶响赋秋来。

后湖中秋月

辛丑年中秋夜，吾邀旭东、刘伟、小保、文光等诸君，于岳麓山后湖举行赏月期会以记。

皓月映平湖，澄光透树疏。

木屋辉蓬荜，谈笑有鸿儒。

唐月跨今古[1]，挥毫欲将出。

茶酣犹未尽，归去月满庐。

2021 年 9 月 21 日

注释

[1] 期会中，文光以唐代文学家、哲学家刘禹锡《八月十五夜玩月》诗为题，挥毫助兴，似有古今穿越之感。

和昆仑《后湖中秋月》

刘　伟

后湖映皎月，松庐会故知。

茶酣犹未尽，谈笑悉乡音。

2021 年 9 月 22 日

辛丑中秋佳会口占

龚旭东

秋夜风和煦，月华耀光风。

平湖漾笑语，期会茶香浓。

2021 年 9 月 22 日

松庐雪

昨夜松庐飞雪到，围炉正是煮茶时。

柴门院外谁独立？且看明春信花期。

2021 年 12 月 26 日

咏后湖海棠

湖侧留牵记，春风有会期。

忽传花信到，一树耀园西。

2022 年 3 月 20 日

松庐读书

一隅读书味，全身俱亮堂。

凭栏观紫院，青色有余香。

2022 年 4 月 17 日

王小保：好一个人间四月天。

易通老师："半亩方塘一鉴开，天光云影共徘徊。问渠那得清如许？为有源头活水来。"——借用朱熹的这首诗来点赞你的读书情怀。好好好！

和昆仑《松庐读书》

刘 伟

绿枝如翠黛，石径入幽园。

展卷随画境，文思若云烟。

2022 年 4 月 17 日

殷昆仑：伟兄联想出佳句。

刘伟：昆仑兄的诗引子好。

和昆仑《松庐读书》有感

王小保

竹色入帘青，紫藤匝浓荫。

莫道不销魂，花香随书吟。

2022 年 4 月 17 日

殷昆仑：小保兄添曲三连唱，长岛人歌乐未央。

松庐听雨打芭蕉

暇日松庐园艺作，辛劳间享翠庭风。

人间四月芳菲处，并赏芭蕉雨打声。

2022 年 5 月 8 日

松庐夜雨会

壬寅年仲夏夜，刘伟、天舒、志高等诸君会于岳麓山后湖，共商炎陵民宿发展以记。

夏雨微风老友迎，松庐夜会话炎陵。

乘游云上长相忆[1]，独好风光动我情。

2022 年 6 月 10 日

注释
[1] 云上指炎陵县云上大院。

和昆仑《松庐夜雨会》

刘　伟

云上风光落炎陵，松庐论道应众情。

高山仰止怀先祖，我辈乘风破浪行。

2022 年 6 月 11 日

惠风

和畅集

145

夏日松庐遇雨

夏日拾园当若闲，天穹盖下胜桑拿。

惊雷骤响风连雨，雨打芭蕉作乐家。

2022 年 7 月 31 日

松庐秋月

壬寅年中秋夜，我与志高、向丹等诸友会于松庐竹院，共赏明月以记。

后湖夜色谁同坐，朗月清风与友临。

但愿年年得此景，月华亘照故园林。

2022 年 9 月 10 日

惠风

江南纪游

乌牛山下传禾香

丙申年盂秋，于宁乡乌牛山下看一马平川，稻浪无垠，心旷神怡以记。

谷穗花开满，丰年已在望。

绿黄相间间，十里传禾香。

2016 年 8 月 30 日

秋赏葡红

孟秋于宁乡香山有感。

葡红剔透若宝石，江南果甘胜北疆。

又是一年好光景，乐游乡野赏秋香。

2016 年 8 月 31 日

咏墨兰

十三年前，小保兄送我这盆墨兰花，岁岁相守，予独爱之。丙申年腊月，兰君又凌寒自开，香溢满屋，以诗为记。

吾家有墨兰，新年复又开。

温馨十三载，常忆香从来。

2017 年 1 月 3 日

和昆仑《咏墨兰》

王小保

和昆仑兄《咏墨兰》诗，种兰十三载，惜之、爱之、赏之有感！

墨兰识时节，当令又发生。

与君殷殷意，花浓岁寒时。

2017 年 1 月 30 日

夹岸曾留少年梦唱和

夹岸曾留少年梦，故地来寻记忆中。（殷昆仑）

此水若是当年水，不知影可映少年。（夏伟）

喜看桥城风景异[1]，未来新貌更恢宏。（易通）

2017 年 2 月 2 日

注释

[1] 长沙定位为"山水洲城"，指岳麓山、湘江水、橘子洲、长沙古城。因株洲将打造为"山水桥城"，改其中一个"洲"字，诗中桥城指株洲。

佳节株洲湘江月夜游

今宵明月夜，胜日好风情。

长桥印江影，爆竹声声听。

2019 年 2 月 19 日

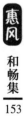

早春东南行

早春二月，大地新绿；阳光和煦，春日融融；车流穿梭，驰往东方。

无边画卷车窗景，万物萌发各有形。

形胜千年东南境，时空一体无歇停。

初春田野百衲衣，芸薹金海分外明。

朝发星城艳阳照，夕看沪上弯月迎。

2019 年 3 月 12 日

应昆仑《早春东南行》

龚旭东

听鸟欢歌面不寒，遥看浅翠掸碧潭。

春心萌动感君意，和风悠然天地间。

2019 年 3 月 13 日

游无锡寄畅园

　　庚子年立秋后一日，与徐峰、周晋、柏俊、曹峰、建光诸君同游寄畅园。多年前"梅天雪海之寄畅"只在念想中，今始如愿。

　　　　八音涧里闻天籁，嘉树堂前意何如？
　　　　知鱼槛有会心处，山色溪光云上浮[1]。

2020 年 8 月 8 日

注释
[1] 园中有"山色溪光"景点，其建筑堂中匾额为清朝康熙皇帝御笔。

和昆仑《游无锡寄畅园》

刘　伟

　　客居姑苏日，常去无锡会友，竟无一次机会游寄畅园，今得昆仑兄游园诗句，一时心向往之！

　　　　多番至无锡，无缘寄畅游。
　　　　溪光山色景，何日共春秋。

2020 年 8 月 9 日

冬游听泉书院

　　辛丑年仲冬，适湘乡水府庙风景区听泉书院周边临水景观栈道建成，我与训德先生等诸君，环游于朱训德美术馆周边有感以记。

漫坡红叶缤纷地，云雾水府大幕开。

细雨游龙穿湖岸，无边景色眼中来。

松庭古树寒犹翠，曲廊和园意境奇。

画馆高台临风赏，湖山总览又一期。

2021 年 12 月 24 日

春游象形山

象山造化神，岩鼻戏潭中。

日落溪流畔，欣闻淌水声。

2022 年 5 月 4 日

和昆仑《春游象形山》

王小保

奇山钟灵秀，清溪似境明。

踏山复涉水，闲云伴长吟。

2022 年 5 月 4 日

经水口登云上大院

　　在炎陵科技下乡活动期间，吾与志高等诸君，在水口镇浆村考察孟家老屋，到云上大院为山地民宿业主开展设计咨询服务。在龟龙窝茶园，与主人古胜潭老先生有缘相遇，其人、其茶、其园、其境气象不凡。大院人以优容抚我，云上地以灵胜待我，令我流连忘返，感怀以记。

垄上浆村究老屋，溪桥瀑布驻流连。

山风满襟风歌悦，路转峰回上顶巅。

回瞰千山奔眼底，风来四面醉湘东。

远山蓝上为稀客[1]，无限风光在险峰。

穿行竹海通幽处，大院云台访逸仙。

叠翠园中说场道[2]，如棋布子意为先。

乡间曲径百花情，厚朴成林作景屏。

写意龟龙留念想，何当再客云上行。

2022 年 5 月 29 日

注释

[1] "远山蓝"为云上大院一民宿。

[2] 访问龟龙窝茶场时，与场长龚松林先生谈论其规划布局，如下棋之喻。

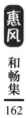

和昆仑《经水口登云上大院》

刘 伟

好景良辰读，诗境云上生。

造化留圣绩，感我致诚心。

2022 年 5 月 30 日

游横田湾

　　壬寅年国庆节期间，我陪同岳父选君先生走亲访友，途经岳父曾经工作过的地方宁乡横田湾村，观赏洞冲水库风光，有感以记。

横田正是好秋光，如夏高温未退场。

众乐车欢穿热浪，夕阳海畔觅清凉。

2022 年 10 月 2 日

四、亲情姐酒

敬颂父亲八十华诞

吾为父亲八十华诞赋诗，始于 2017 年 10 月陪父母苏杭游，成稿于 2017 年 11 月吾从捷克赴奥地利维也纳途中。感恩在心，是以为记。

八十阳春非等闲，几多苦辛化甘甜。

家风传承德一等，广结善缘天地间。

楚河汉界妙高棋，历届冠军越群芳。

全厂文章一支笔，柳体新脉翰墨香。

业精于勤惟修炼，计量领域显真功。

质检严关出佳品，企业担当存心中。

数十春秋风雨路，家和业兴谋大局。

德才教子功无量，喜看书香新人出。

2017 年 11 月 14 日

新春赠迪光舅和舅妈

少年曾识下翠微，耳畔时歌白云飞[1]。

素裹头巾炉火旺，大巧厨艺佳肴炊。

数十春秋如一日，辛勤为家谋福泽。

率先垂范励后辈，亲情常伴是人和。

2019 年 2 月 10 日

注释

[1] 迪光舅和舅妈结婚时，曾在外公外婆老屋的小厅举办婚礼，期间高歌毛泽东诗词《七律·答友人》："九嶷山上白云飞，帝子乘风下翠微。"歌声清脆动听，余音绕梁。

贺艳子秋冬喜结连理

豫湘千里缘，海大一线牵。

亲朋喜相会，同庆秦晋联。

2019 年 6 月 15 日

豫南送亲

秋冬，艳子项城完婚，湖南上亲团北上庆贺。中原是我远祖居住的地方，踏上这块土地分外亲切。送亲千里，寻找心灵的故乡。

中原冬麦已收刈，江南春稻正长时。
时同空别景相异，谷物芳泽各气息。
送亲千里上豫南，感应远祖游故里。
似曾相识睹风物，原是吾乡映心底。

2019 年 6 月 16 日

和昆仑《豫南送亲》

王小保

昆仑兄千里送女，心感之，是以为记！

千里路迢迢，南去北又往。
远离今日路，只因送亲行。
他乡是故里，地僻温暖乡。
无为举头望，月朗思娘亲。

2019 年 6 月 16 日

殷昆仑：小保兄快诗并咏，痛快也。

感昆仑千里送亲

龚旭东

送亲千里行且行，情意拳拳一片心。

吾家家风淳且正，承传绵远暖如春。

2019 年 6 月 16 日

殷昆仑：感小保兄、旭东兄千里唱和，欣喜万分也。

记众兄弟和应昆仑

刘 伟

寻道安阳羑里城，不期豫南应昆仑。

四面和风吹满面，诗情画意伴君行。

2019 年 6 月 16 日

殷昆仑：感伟兄压轴之作，快哉妙哉也。

忆与父母游江南

　　丁酉年仲秋，父亲八十华诞。我和红霞借机陪父母苏杭一游，旅途欢喜，情景难忘。今作小诗以为记，成于己亥年深秋赴西班牙考察途中。

　　　　经年此去秋暇日，欣与双亲下苏杭。

　　　　拙政荷风来四面，留园坐享天地祥。

　　　　驿店夜客说家史，桂园疏雨润心肠。

　　　　灵隐仙峰迎贵客，草亭树下兴未央。

　　　　停车坐赏西湖美，东坡煎饼溢余香。

　　　　更有老头虾油爆，一品滋味醉他乡。

惠风

和畅集

重忆苏杭之游

父亲星吾先生

早起又读昆仑微信《忆与父母游江南》诗一首……故有感以和。

胜景苏杭忆曾游，屈指五年兴未休。

儿媳陪行乐上乐，他年何日再重游。

2022 年 3 月 25 日

注：2022 年 3 月，吾编撰《惠风和畅集》，将稿中《忆与父母游江南》这首
诗发给父母，故有跨越三年父亲的唱和。

喜闻昆仑父子双双获奖

岳父选君先生

喜闻昆仑父子双双获奖感言。

父子握神笔，绘就美宏图。

耕耘设计院，又拔一新筹。

2021 年 1 月 10 日

注：2021 年 1 月 4 日 "HD 喜报！我司荣膺 22 项 2020 年度湖南省优秀工程勘察设计奖" 报道中，子健参与的 "长沙市五一广场提质改造项目设计" 获省优一等奖，我主持的《湖南省绿色建筑评价标准》获省优二等奖。儿子首次超越父亲。岳父赠诗祝贺、勉励。

答谢岳父大人勉励

专精靠硬功，守正有传承。

再创新佳绩，升华待后生。

2021 年 1 月 11 日

赠小西米

壬寅年春节，我在宁乡家和小西米相处十余日，她牙牙学语、自来亲人的萌态，可爱之极以记。

堂前细步嗒嗒响，不点黄裳露萌华。

诶的一声童音亮，丫丫笑靥两桃花。

2022 年 2 月 8 日

昆仑六十华诞喜作

父亲星吾先生

六十华诞赞昆仑，顺风顺水美人生。

精心建筑增国色，不改初心绿园林。

花甲之年祝昆仑，一路春光暖乾坤。

重甲之年续旧业，洋湖园里享天伦。

2022 年 2 月 18 日

酬父亲《昆仑六十华诞喜作》

吾进六十，父亲作诗祝贺。念父母亲情，情深似海，每想酬答。今得父亲韵文，开怀以记。

记得年少远乡疆，父母相送路路长。

转眼流光一甲子，承传家教未曾荒。

勤学恒践功名立，始有梅花扑面香。

万里知行逐入境，逍遥原上地天祥。

2022 年 3 月 6 日

得昆仑酬唱以和二首之一

父亲星吾先生

昨读昆仑回文七律一首，思绪万千……乃作诗以和。

朗朗春光读华章，字字句句暖心房。

天荒地老情未老，春风化雨更润肠。

2022 年 3 月 7 日

和父亲"昨读昆仑回文七律一首"

家君好雅情，春早起诗兴。

但愿春常在，悠悠岁月宁。

2022 年 3 月 8 日

得昆仑酬唱以和二首之二

父亲星吾先生

昨游株洲万丰湖时，微信收到昆仑五言文一首，感之，又作一首以和。

万丰湖畔春意浓，又读昆仑五言文。

江山代有才人出，经天纬地总从容。

2022 年 3 月 9 日

殷昆仑：好诗，好诗！这个春天勾起父亲的诗情画意，一连三发，妙语连珠。正如苏轼有云："一点浩然气，千里快哉风。"爸爸妈妈也有诗和远方，是人生快事。

清明凤凰山

山途转见参天树，翠麓常闻琅琅声[1]。

细雨蒙蒙凭吊处，家风慰告两先生[2][3]。

2021 年 4 月 3 日

注释

[1] 凤凰山麓有南方外国语学校，常听琅琅读书声；

[2] 吾总结吾殷氏家风有"善良、勤劳、俭朴、整洁、书香"的特征。

[3] 两先生指长眠于凤凰山的祖父祖母，他们都曾是民国时期的教书先生。

五、新诗新境

一路向北

从华盛顿去纽约的旅途中记。

一路向北，

我们穿行在美东的高速公路上。

两侧，绿色为底的林带，

秋色缤纷，目不暇接。

有曼妙的音乐作伴，

一路歌声，一路笑语。

头顶蓝天白云，

极目远眺。

向北，向北，

我心飞翔。

2016 年 10 月 28 日

维也纳随想

2017 年秋，吾随湖南省建筑师学会同仁考察捷克、奥地利。是日，在奥地利维也纳考察所感以记。

欢愉的心情，

写在维也纳的天空。

阳光，

蓝天，

白云，

普照下的维也纳，

欢迎来自东方的客人。

城市与郊野，

多彩缤纷、山水相映。

初冬的空气，

如此清新。

阳光下的美泉宫呵，

你分外美丽。

传说中的茜茜公主，

就来自这里。

集美貌华贵于一身，

亦堪称智慧女神。

为昔日的帝国，

书写绝世风华。

这里亦是音乐的国度，

向往已久的维也纳金色大厅，

与我们，

不期而遇。

排练厅里，

那动人心弦的竖琴之声，

可谓高山，

可谓流水。

这里是，

集艺术大成的音乐殿堂。

这里是，

集华贵荣耀的人间天堂。

沉浸在，

这美妙的建筑空间里，

让我遥想，

当蓝色多瑙河圆舞曲鸣奏，

当新年音乐会的欢声响起，

是多么快乐与幸福的事情。

相遇维也纳，

在初冬的阳光里。

感受维也纳，

在永远的心田中。

2017 年 11 月 15 日

惠风
和畅集
186

马拉加海滨小镇的清晨

清晨写于西班牙马拉加海滨。

在秋日的清晨，

我又一次，

站在了地中海的西海岸。

天空之城，

在紫蓝色的云端橙色的霞光里。

东方欲晓、海浪吟唱，

那可是轻拨竖琴的西班牙女神。

迎来新的一天降临，

日日新，

又日新……

海面，

风潮正起。

听吧，

海浪一波一波，

拍岸惊涛，

上演，

大地交响的天籁之声。

沙滩上，

昨夜涨潮的印迹犹在，

再看，

那一串串的，

早行人的脚印，

延伸在沙滩上无垠的天边。

那像是一朵朵花瓣，

交织组成的曲线沙画，

可不是清晨海鸟们，

起舞的写照。

远处，

海中的灯塔，

依然闪烁，

致敬！

那一份永远的坚守。

回眸，

海滩上的城市啊，

轮廓优美，

节奏般地，

伸向大海，

和畅集

189

伸向远方。

那海滨建筑群，

在朝霞的映照下，

一片金色，

美不胜收。

清新的海风啊，

让我有秋醉的感觉。

深呼吸，

站在这地中海的金色海岸。

畅享在这人生的美妙旅途。

感受这大自然的一切，

给予我的恩赐……

2019 年 11 月 4 日

战"疫"诗歌

——脸庞上勒出的一道道瘀痕，不能掩藏你们的美丽

今夜，寒潮来袭，

这注定又是一个不眠的、战斗的夜晚。

自新冠肺炎疫情发生，

白衣战士已在抗疫前线连续奋战二十多个日日夜夜。

二○二○年春节，

本是万家团圆的日子。

疫情来临，

举国牵动。

疫情就是命令，

防控就是责任。

一声号令，

集结号在吹响。

来自四面八方的白衣战士云集湖北。

你们舍小家为大家，

惠风
和畅集

191

辞别亲人，

毅然奔赴抗疫前线。

大难面前，

临危受命，

挺身而出、奋勇争先。

疫情蔓延，

形势严峻。

一时间里，

医护人员不足，

医疗物资短缺，

你们超常规、超时间、超负荷地工作，

昼夜不分，

只有坚守、坚守、再坚守……

你们把个人的生活需求降到了极限。

腾出时间，

挽救更多的生命。

厚重的防护服，

遮盖了你们美丽的容颜，

凭借着标记，

在相互传递战斗的信息。

隔离区外的整装待发，

隔离区内的医治流程，

是那么紧张有序。

病房里见证了你们彼此默契、协同作战的每个瞬间……

密不透气的防护服，

在寒冷的环境里，

也会让你们汗流浃背，

甚至还会产生各种不适。

疲惫与汗水交织，

你们却坚韧地负重前行。

短暂休息时，

在工作区的某个角落，

仅和着防护服打个盹。

脸庞上勒出的一道道瘀痕，

丝毫不能掩藏你们的美丽，

自信与坚强，

写在你们微笑的脸上。

在病房的日夜里，

你们与时间赛跑，

与病魔斗争。

冒着被感染的风险，

持续战斗，

毅然坚守。

从你们鼓舞的言语里，

从你们温暖的行动中，

让患者看到了希望，

增强了战胜病魔的勇气。

一幕幕场景，

感动中国，

感动世界。

君不见十日之功，

火神山、雷神山医院建成。

关键时刻彰显"中国速度",

凝聚国家磅礴力量。

各地医疗队伍呈接力式地集结,

各种物资源源不断,

驰援湖北。

举国上下万众一心,

坚定目标,

一定打赢这场疫情防控阻击战。

一批又一批患者出院,

好消息不断传来……

每天,

我们从一线抗疫群英谱上,

见证你们战斗不息的身影。

你们从未孤单,

全国人民都在与你们并肩战斗。

今夜湖北,

雪雨交加、寒潮袭扰。

给你们的救治工作增添了许多困难。

你们让湖南人民牵挂，

让全国人民牵挂。

亲爱的白衣战士啊，

我们虔诚地为你们祈祷，

为你们加油。

我们坚信，

全国人民众志成城，

必定打赢这场抗疫的人民战争。

如果说这场突如其来的灾难，

是对我们国家和民族的大考，

你们就是最优秀的答卷人。

在这场没有硝烟的战争中，

奋斗在抗疫前线的白衣战士，

你们是新时代最可爱的人。

2020 年 2 月 14 日

注：本诗作 2020 年 2 月 17 日发表于新湖南。

梦听泉

朱训德美术馆那中国画卷般的空间设计，呈现了建筑创作最独特的一面。随着建筑空间与景观内外、远近、高低的转换，你可以体验和领略水府山水、白鹭仙岛的自然环境，每一季树木的多姿多彩，以及建筑在风、花、雪、月、雨等不同自然环境中所呈现的美感。透过朱训德美术馆这个建筑作品，你将更加亲近自然，体验空间的灵动。

朱训德美术馆的建筑设计强调对既有自然环境的尊重以及自然的主导地位，展现了天人合一的设计理念与手法。以连绵流转、徐徐展开式不断地与自然对话，并以长卷画轴般的空间序列表现，构建了愉悦的参

观旅程。

在烟雨蒙蒙、雾隐楼台的春晨，在皓月当空、风泉清听的秋夜，在白雪皑皑、雪花飘洒的冬日，朱训德美术馆以山间庭院、廊桥飞渡为特色的场所体验，将更具空灵妙境。

朱训德美术馆是兼具视觉、触觉、嗅觉与听觉效果的建筑，它的视觉效果是步移景异，人文艺术与自然山水相结合的诗画之旅；它的触觉效果是来自建筑室内温润的木饰和陈设艺术品的细节；它的嗅觉效果来自这半岛环境里草木的清香和清新的水面风；它四季里的雨声、泉水声、松涛之声、虫鸣鸟叫汇成了场地特有的天籁。它从大自然中不断地获取灵感，不仅直抵主人的心底，而且将蔓延到每位观众的心中。它不仅是一座多维度、多层次、多元体验的美术馆，更是与大自然合唱的交响作品。

这场与自然共生共舞的表演，为水府风景名胜区演绎出精彩绝伦的文化艺术氛围，更为这一方山水生态环境空间的建设，开启了一股不染尘俗的清流。

2020 年 8 月 1 日